U0061486

澳門候鳥

Aves Migratórias de Macau

澳門知識叢書

澳門候鳥

澳門民政總署
園林綠化部

三聯書店（香港）有限公司
澳門基金會

責任編輯　李　斌

裝幀設計　鍾文君　陳嬋君

叢 書 名　澳門知識叢書

書　　名　澳門候鳥

作　　者　澳門民政總署園林綠化部

聯合出版　三聯書店（香港）有限公司

　　　　　香港北角英皇道 499 號北角工業大廈 20 樓

　　　　　澳門基金會

　　　　　澳門新馬路 61 - 75 號永光廣場 7 - 9 樓

香港發行　香港聯合書刊物流有限公司

　　　　　香港新界大埔汀麗路 36 號 3 字樓

印　　刷　深圳市森廣源印刷有限公司

　　　　　深圳市寶安區 71 區留仙一路 40 號

版　　次　2015 年 10 月香港第一版第一次印刷

規　　格　特 32 開（120 mm × 203 mm）120 面

國際書號　ISBN 978-962-04-3834-9

© 2015 Joint Publishing (Hong Kong) Co., Ltd.

Published in Hong Kong

總序

　　對許多遊客來說，澳門很小，大半天時間可以走遍方圓不到三十平方公里的土地；對本地居民而言，澳門很大，住了幾十年也未能充份了解城市的歷史文化。其實，無論是匆匆而來、匆匆而去的旅客，還是"只緣身在此山中"的居民，要真正體會一個城市的風情、領略一個城市的神韻、捉摸一個城市的靈魂，都不是一件容易的事情。

　　澳門更是一個難以讀懂讀透的城市。彈丸之地，在相當長的時期裡是西學東傳、東學西漸的重要橋樑；方寸之土，從明朝中葉起吸引了無數飽學之士從中原和歐美遠道而來，流連忘返，甚至終老；蕞爾之地，一度是遠東最重要的貿易港口，"廣州諸舶口，最是澳門雄"，"十字門中擁異貨，蓮花座裡堆奇珍"；偏遠小城，也一直敞開胸懷，接納了來自天南海北的眾多移民，"華洋雜處無貴賤，有財無德亦敬恭"。鴉片戰爭後，歸於沉寂，成為世外桃源，默默無聞；近年來，由於快速的發展，"沒有什麼大不了的事"的澳門又再度引起世人的關注。

這樣一個城市，中西並存，繁雜多樣，歷史悠久，積澱深厚，本來就不容易閱讀和理解。更令人沮喪的是，眾多檔案文獻中，偏偏缺乏通俗易懂的讀本。近十多年雖有不少優秀論文專著面世，但多為學術性研究，而且相當部份亦非澳門本地作者所撰，一般讀者難以親近。

有感於此，澳門基金會在 2003 年"非典"時期動員組織澳門居民"半天遊"（覽名勝古蹟）之際，便有組織編寫一套本土歷史文化叢書之構思；2004 年特區政府成立五周年慶祝活動中，又舊事重提，惜皆未能成事。兩年前，在一批有志於推動鄉土歷史文化教育工作者的大力協助下，"澳門知識叢書"終於初定框架大綱並公開徵稿，得到眾多本土作者之熱烈響應，踴躍投稿，令人鼓舞。

出版之際，我們衷心感謝澳門歷史教育學會林發欽會長之辛勞，感謝各位作者的努力，感謝徵稿評委澳門中華教育會副會長劉羨冰女士、澳門大學教育學院單文經院長、澳門筆會副理事長湯梅笑女士、澳門歷史學會理事長陳樹榮先生和澳門理工學院公共行政高等學校婁勝華副教授以及特邀編輯劉森先生所付出的心血和寶貴時間。在組稿過程中，適逢香港聯合出版集團趙斌董事長訪澳，知悉他希望尋找澳門題材出版，乃一拍即合，成此聯合出版之舉。

澳門，猶如一艘在歷史長河中飄浮搖擺的小船，今天終於行駛至一個安全的港灣，"明珠海上傳星氣，白玉河邊看月光"；我們也有幸生活在"月出濠開鏡，清光一海天"的盛世，有機會去梳理這艘小船走過的航道和留下的足跡。更令人欣慰的是，"叢書"的各位作者以滿腔的熱情、滿懷的愛心去描寫自己家園的一草一木、一磚一瓦，使得吾土吾鄉更具歷史文化之厚重，使得城市文脈更加有血有肉，使得風物人情更加可親可敬，使得樸實無華的澳門更加動感美麗。他們以實際行動告訴世人，"不同而和，和而不同"的澳門無愧於世界文化遺產之美譽。有這麼一批熱愛家園、熱愛文化之士的默默耕耘，我們也可以自豪地宣示，澳門文化將薪火相傳，生生不息；歷史名城會永葆青春，充滿活力。

吳志良

二〇〇九年三月七日

目錄

導言

　　澳門特別行政區位於中國東南沿海，珠江口的西岸，處於中國大陸與中國南海的水陸交接處。由澳門半島、氹仔和路環所組成。這裡既有樹木叢生的山林，也不乏灘塗淤積的海岸。雖然只有 31.3 平方公里的陸地，但也能為在東亞—澳大利亞候鳥遷徙路線上的候鳥提供停歇地和越冬地，所以擁有豐富的鳥類資源，是一個絕佳的賞鳥勝地。

　　在澳門眾多的鳥類中，約有一半是候鳥，不僅有種類數量豐富的冬候鳥，也有僅停留幾周甚至幾天的過境遷徙鳥，還有夏天才能看到的夏候鳥。在眾多的候鳥中，最為人所熟知的明星當屬世界瀕危級別的黑臉琵鷺，每年均會到澳門過冬，路氹城生態保護區更是觀察這種全球數量僅二千多隻的珍稀鳥種的理想地方。

　　《澳門候鳥》一書以本地已有詳細調查記錄的三十種候鳥為例，介紹候鳥在澳停留的時段，及其於本澳生活之棲息地（即生境）。停留類型主要分為冬候鳥、春秋過境遷徙鳥和夏候鳥；生境包括兩大主要類型，分別為澳門候鳥之陸地生境和濕地生境，並推薦觀察鳥類時要用到的工具（望遠鏡、觀鳥手冊及圖鑒）以及介紹觀鳥守則等，全方位展示澳門候鳥的魅力，期盼本書能帶領大家進入奇妙的觀鳥旅程。

澳門的生態環境

澳門氣候溫和，又位於雀鳥在東南亞的遷徙路線上，因而成為大量遷徙雀鳥的"中途補給站"、越冬地和繁殖地。

同時，澳門擁有各色各樣的生態環境，適合不同種類的雀鳥棲息，如濕地(泥灘及紅樹林)、淡水濕地、樹林、灌木林、海岸、河口及山嶺。

陸地生境

澳門地域面積較小，海拔低，與周圍大陸緊密連接，其植物與周圍地區相互滲透，種類組成具有很大的相似性，缺少地域性特有植物種類。由於毗鄰廣東，澳門的植物區系實質上是廣東植物區系的一部分。

由於開埠較早，人類活動對澳門植被的影響很大。尤其在澳門半島，自然植被遭到了嚴重的破壞，目前僅在西望洋山、青洲山、蓮花山、東望洋山等處見有少量的次生南亞熱帶常綠闊葉林及稀疏灌叢，喬木種類則相當少見。

氹仔島的開發歷史晚於澳門半島，自然植被主要分佈在大潭山和小潭山，雖然也遭到了嚴重破壞，但在小潭山及大潭山有二至四米高灌叢群落，且分佈較為普遍。

　　路環島遠離市中心，尚未被開發，植被分佈面積較大，澳門較完整的天然群落主要集中分佈於此。由於遠離市區，人為干擾相對較少，島上普遍分佈著大片的灌叢群落。澳門特別行政區政府已在島上建立了自然教育徑，為市民提供休閒、教育的場所。

山林

　　澳門的山林主要為次生南亞熱帶常綠闊葉林，灌叢群落分佈較廣，種類組成十分豐富，主要見於路環島和氹仔島的山上。

草地

　　澳門雖然基本沒有農田，但在氹仔島和路環島也分佈著不少大片的開闊草地，如部分山頂長著稀疏灌叢的草坡，一些高爾夫球場等，適合鷹類、椋鳥、鷯類、鴉類等鳥類生存。還有在路氹填海區，許多新填好的土地暫時空置，雜草叢生，到處是半人高的野草。

公園

　　澳門的市區主要密集分佈在澳門半島，隨著城市發

（上）山林（高葉昌 攝）
（下）草地（陳述 攝）

公園（陳述 攝）

展，氹仔的市區面積也在逐漸擴大。市區由於人口和建築
密集，適合鳥類生存的環境較少，其中市政公園是鳥類主
要的棲息場所。

濕地生境

　　澳門是位於珠江下游的海濱城市，擁有大面積的泥灘，先天條件的優越造就了本澳濕地的組成多種多樣。既有平緩的泥灘，也有較陡峭的岩質海岸；既有儲存淡水的水塘、水庫，也有圍墾而成的鹹淡水沼澤濕地。

灘塗（泥灘、沙灘）

　　在澳門淤泥質的灘塗較多，退潮後大片泥灘露出，上面長有豐富的底棲動物，是鷸類、鷺類、鸕鷀類等涉禽覓食的最佳場所，有的還長有紅樹、半紅樹植物，生境多樣化程度高，鳥類物種也十分豐富。此外尚有少部分沙質海灘，主要位於路環島，由於部分為旅遊區域，且食物稀少，鳥類分佈相對較少。

沼澤、水塘

　　澳門各處分佈著大大小小的水塘、水庫，用於儲存淡水，由於水位較深，植物覆蓋少，一般主要是小鸊鷉、雁鴨類等遊禽活動場所。如位於澳門半島的全澳最大的水塘，以及位於路環山上的九澳水庫和黑沙水庫。水位較

（上）灘塗（泥灘、沙灘）（陳述 攝）
（下）沼澤、水塘（高葉昌 攝）

淺的一些沼澤濕地由於長有大量的濕生植物，為鷿鷈類、鷺類、䴉鸛類、秧雞類等多種鳥類提供了遮蔽棲息的場所。加上部分是由海岸圍墾而成，屬於鹹淡水濕地，一些原本棲息於海岸帶的鳥類也選擇在此活動。

海岸（岩石、近海）

路環島由於面向出海口，有不少岩質海岸，適合喜歡停歇在岩石上的鳥類活動，如岩鷺（Egretta sacra）便是此類生境獨有的鳥種。此外由於靠近大海，一些海洋性鳥類如鷗類，甚至軍艦鳥都會在澳門周邊的近海區域活動。

海岸（岩石、近海）（高葉昌 攝）

澳門雀鳥概述

澳門有多少種雀鳥

澳門記錄得之雀鳥品種約有 311 種，大約相當於全中國的鳥種記錄的五分之一，或全世界鳥種記錄的三十分之一。

雀鳥在澳門的居留狀況

- 冬候鳥：

為了逃避嚴寒，在秋季飛來過冬，然後在春季飛走。春、夏在北方繁殖，而秋、冬時遷移來澳門過冬，第二年春天再飛回原棲息地的鳥類，約佔全澳鳥種的五分之二，如黑臉琵鷺、紅嘴鷗和綠翅鴨等。

- 夏候鳥：

春、夏在澳門繁殖或定期前來，秋、冬時遷移到氣候較溫暖的南方過冬，第二年春、夏之間再度前來的鳥類，只佔很少，如四聲杜鵑、黑卷尾和八聲杜鵑等。

- 過境鳥：

在遷移過程中，在澳門停歇補充食物，當體力恢復或天氣轉晴後再繼續南遷或北返的鳥類，如黑翅長腳鷸、牛背鷺和綠鷺等。

（上）黑臉琵鷺（高葉昌 攝）
（下）八聲杜鵑（黃理沛、江敏兒 攝）

（上）黑翅長腳鷸（張斌 攝）
（下）暗綠繡眼鳥（戴錦超 攝）

- 留鳥：

終年棲息於本地區的鳥類，約佔全澳鳥種的三分之一，如麻雀、暗綠繡眼鳥、白頭鵯和長尾縫葉鶯等。

澳門為甚麼會有候鳥

鳥類遷徙是自然界中最引人注意的生物學現象之一，世界上每年有幾十億隻候鳥在秋季離開它們的繁殖地，遷往更為適宜的棲息地。遷徙路線就是候鳥在遷徙過程中使用的一條寬大通道，現已知全世界有八條主要候鳥遷徙路線。在歐洲和亞洲共有五條主要遷徙路線，即東亞—澳大利亞、中亞—印度、西亞—非洲、地中海—黑海、東大西洋遷徙路線。中國濕地水鳥的遷徙路線主要分為東部、中部和西部三條，其中東部遷徙路線是東亞—澳大利亞遷徙路線的重要組成部分，西部遷徙路線為中亞—印度遷徙路線的重要組成部分。

（1）東部遷徙路線是中國濕地水鳥最重要的遷徙路線。在俄羅斯、日本、朝鮮半島和中國東北與華北東部繁殖的濕地水鳥，春、秋季節主要通過中國東部沿海地區進行南北方向的遷徙。春季，來自南洋群島和大洋洲的北遷鳥類到達臺灣後，分為兩支，一支沿中國大陸擴散或繼續沿東部海岸北上，另一支經琉球群島到日本或繼續北遷。沿中國大陸東部沿海北遷的鴴鷸類等濕地水鳥在到達長江口以後，又分兩條北上遷徙路線。一條經江蘇、山東到東北，進入俄羅斯，另一條則越海向朝鮮半島或日本遷飛。秋季，濕地水鳥沿中國東部沿海向南遷飛至華東和華南，遠至東南亞各國，或由俄羅斯東部途經中國向東南亞至澳大利亞遷徙，其南下遷徙路線大致與春季北上路線相似。

（2）西部遷徙路線。內蒙古西部、甘肅、青海和寧夏的湖泊、草甸等濕地繁殖的候鳥，在秋季可沿阿尼瑪卿山、巴顏喀拉山和邛崍山脈向南遷飛，然後沿橫斷山脈南下至四川盆地西部和雲貴高原越冬，有些候鳥可飛至中南半島越冬。新疆地區的濕地水鳥可向東南匯入該西部遷徙路線，或向西南出境，或向南進入西藏。西藏地區的濕地水鳥主要沿唐古拉山和喜馬拉雅山向東南方向遷徙，亦可以飛越喜馬拉雅山脈，至印度、尼泊爾等地越冬。

（3）中部遷徙路線是中國境內的一條遷徙路線。在內蒙古東部、中部草原，華北西部和陝西地區繁殖的候鳥，秋季沿黃河流域、呂梁山和太行山南下，越過秦嶺和大巴山進入四川盆地越冬；或繼續沿大巴山東部向華中或更南的地區越冬。濕地水鳥在遷徙的過程中，一般只有少數鳥類可以不間斷地飛行以完成其整個遷徙過程，大多數鳥類會在沿途的某些被稱為停歇地的地方停下休息和補充能量。因此，遷徙停歇地對濕地水鳥完成其遷徙過程起著極為重要的作用。

　　澳門位於東亞─澳大利亞候鳥遷徙路線的中部，為許

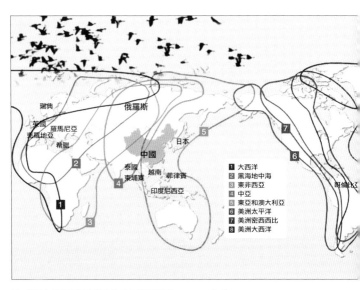

全球候鳥遷徙路線（引自《濕地國際》，2006 年）

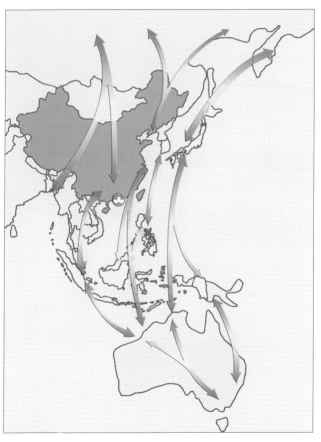

東亞—澳大利亞候鳥主要遷徙路線（引自張敏、鄒發生《澳門鳥譜》，2012 年）

多候鳥停歇或越冬提供落腳的場所。夏季在中國東北部、俄羅斯等地繁殖的鳥類，秋季經過澳門作短暫停留，而後飛往東南亞和澳大利亞越冬的，在澳門地區屬於秋季遷徙鳥；若抵達後整個冬季均在澳門停留，至春季才離開的，則屬於冬候鳥。冬季在東南亞和澳大利亞等更溫暖的地方越冬，春季經過澳門後繼續往北方遷徙進行繁殖的，在澳門地區屬於春季遷徙鳥；若夏季才抵達澳門並在當地進行繁殖的，其類型便屬於夏候鳥。

三十種澳門候鳥介紹

冬候鳥

黑臉琵鷺（Black-faced Spoonbill *Platalea minor*）

野外識別：

中型涉禽，體長 60 至 78 厘米。全身羽毛白色，嘴長而直，黑色，先端擴大成匙狀。前額、喉、臉、眼周和眼先全為黑色，且與嘴之黑色融為一體。嘴峰兩側有長形鼻

黑臉琵鷺（高葉昌 攝）

溝，鼻孔位於基部。腳較長而趾較短，脛下部裸露，前三趾間基部有蹼膜相連。飛行時頸和腳伸直，交替地拍動翅膀和滑翔。繁殖期間，頭後枕部有黃色髮絲狀的冠羽，前頸下部有黃色頸圈。第一年和第二年冬天的初級飛羽末端黑色。

居留及分佈：

僅見於亞洲，在韓國等地繁殖，在中國南方沿海越冬。在澳門是冬候鳥；1990 年全世界黑臉琵鷺的總數量約 400 隻，2014 年增加至 2700 多隻，是普查自 1990 年代初開展以來錄得的新高。同樣於 2014 年本澳錄得有記錄以來新高，共有 60 隻黑臉琵鷺在路氹濕地 (生態一區) 及蓮花大橋濕地 (生態二區) 越冬。

生境及習性：

常單獨或小群在海邊潮間帶及紅樹林和內陸水域岸邊淺水處活動。休息時成 "一" 字型散開站立。主要以小魚、蝦、蟹、昆蟲幼蟲、甲殼類、軟體動物等動物為食。覓食方法主要通過觸覺。通常半張著嘴，在水中從一邊到另一邊不停地掃動，遇到食物立刻捕之。繁殖期五至七月。

普通鸕鷀（Great Cormorant *Phalacrocorax carbo*）

野外識別：

大型水鳥，體長 77 至 94 厘米。全身黑色，翅上覆羽古銅色，嘴角和喉囊黃綠色，眼後方白色，翅膀具青銅色光彩。嘴強而長、呈圓錐狀，上嘴兩側有溝，嘴端有鉤，適於啄魚；下嘴基部有喉囊；鼻孔小，成鳥時完全隱閉；

普通鸕鷀（程振強 攝）

眼先裸出；頸細長；兩翅長度適中；尾圓而硬直；腳位於體的後部；跗蹠短而無羽；趾扁，後趾長，四趾相連為全蹼足。繁殖期間，臉部有紅色斑，頭頸有白色絲狀羽。

居留及分佈：

分佈廣泛的水鳥，各大洲均有分佈。在中國長江以北繁殖，長江以南越冬。在澳門是冬候鳥；常棲息於澳門水塘。

生境及習性：

主要棲息於河流、湖泊、池塘、水庫、河口及沼澤地帶。常成群活動，善游泳和潛水，主要以魚類為食。中國漁民常訓練鸕鷀捕魚。

綠翅鴨（Eurasian Teal *Anas crecca*）

野外識別：

小型鴨類，體長 34 至 38 厘米。雄鳥頭頸部基色為栗褐色，從兩側眼周開始直到頸側分佈著一條綠色的色帶，呈逗號的形狀，與栗褐色的底色形成鮮明的對比，而臉上的這個綠色"大逗號"也是辨識小水鴨雄鳥的重要特徵，除了"大逗號"，從嘴基開始有一條淡淡的白色細線延伸到眼前；上背、肩部、兩脅遠看灰色，近看則為白色底色上密佈黑色幼細橫紋；下背和腰部褐色，尾上覆羽黑色；翼鏡為與頭部"大逗號"相同的翠綠色，初級飛羽最外側一枚白色，當雙翅收攏時在上體和下體之間形成一條醒目的白色橫帶，這也是鑒別本物種的重要特徵；胸部和上腹部淡褐色，具深褐色的圓斑，尾下覆羽奶黃色，在臀部形成

綠翅鴨（杜卿 攝）

一塊具有黑色絨邊的奶黃色塊，這是鑒別本物種的第三大特徵。雌鳥為雄鳥的暗色版本，通體以褐色為基調，並不具有雄鳥所具有的"面部大逗號"、"體側白線"和"奶油屁股"這三大特徵，但雌鳥保持了翠綠色的翼鏡，並有著非常小巧的身材，這都是本物種雌鳥的鑒別特徵。虹膜褐色；喙和足均為灰色。

居留及分佈：

廣泛分佈於歐洲、非洲、亞洲和美洲。在中國北部有繁殖記錄，黃河以南地區為冬候鳥。在澳門為冬候鳥，路氹濕地（生態一區）、蓮花大橋濕地（生態二區）、蓮花路南側濕地、路環九澳水庫有記錄。

生境及習性：

常集群棲息於平靜水面，在湖泊、沼澤、河流平緩處常能看到它們的群體；偶爾也見於海岸地區。是草食性鳥類，也吃螺、甲殼類、軟體動物、水生昆蟲和其他小型無脊椎動物。繁殖期五至七月，營巢於湖泊、河流等水域岸邊或附近草叢和灌木叢中。

骨頂雞（Eurasian Coot *Fulica atra*）

野外識別：

中型水禽，體長 36 至 39 厘米。像小野鴨，常在開闊水面上游泳。全體灰黑色，具白色額甲，趾間具瓣蹼。嘴長度適中，高而側扁。頭具額甲，白色，端部鈍圓。跗蹠短，短於中趾不連爪。大多數潛水取食沉水植物，趾均具

骨頂雞（李斌 攝）

寬而分離的瓣蹼。體羽全黑或暗灰黑色，多數尾下覆羽有白色，上體有條紋，下體有橫紋。雌雄兩性相似。身體短而側扁，以利於在濃密的植物叢中穿行。通常腿、趾均細長，有後趾，用來在漂浮的植物上行走，趾兩側延伸成瓣蹼用來游泳。飛行時，可見翼後緣有白邊。

居留及分佈：

廣泛分佈於歐洲、非洲和亞洲。在中國分佈範圍廣，於北方繁殖，在南方越冬。在澳門是冬候鳥，氹仔龍環葡韻濕地、路氹濕地（生態一區）、蓮花路南側濕地有記錄。

生境及習性：

棲息於有蘆葦、三棱草等水邊挺水植物的湖泊、水庫、河灣和沼澤地帶。常成群活動，善游泳和潛水。主要以小魚、蝦、水生昆蟲、水生植物嫩葉、幼芽、果實為食，也吃眼子菜、看麥娘、水綿、輪藻、黑藻、絲藻、茨藻和小茨藻等藻類。繁殖期五至七月。營巢於有開闊水面的水邊蘆葦叢和草叢中。

反嘴鷸（Pied Avocet *Recurvirostra avosetta*）

野外識別：

中型涉禽，體長 42 至 45 厘米。是一種白色涉水禽，有大塊黑色斑塊。成鳥有白色羽毛除了黑色的頭部和翅膀以及背部的黑色斑塊。它們有長且上翹的嘴和細長藍色的

反嘴鷸（杜卿 攝）

腿。雌性和雄性形體相似。幼鳥類似於成鳥，毛色為灰色和棕褐色。

居留及分佈：

歐洲和亞洲常見的鳥類。在中國北方繁殖，南方越冬。在澳門是冬候鳥，偶爾夏季可見非繁殖個體，路氹蓮花路南側濕地、路環電廠圓形地沿海灘塗、九澳海灣灘塗有分佈。

生境及習性：

棲息於湖泊、水塘、沼澤地帶，也見於海岸河口地帶。常單獨或成對活動，善游泳。主要以小型甲殼類、水生昆蟲、昆蟲幼蟲、蠕蟲和軟體動物等小型無脊椎動物為食。飛行時不停地快速振翼並作長距離滑翔。進食時嘴往兩邊掃動。繁殖期五至七月。營巢於開闊平原上的湖泊岸邊。常成群繁殖。

中杓鷸（Whimbrel *Numenius phaeopus*）

野外識別：

中型涉禽，體長 40 至 46 厘米。頭頂暗褐色。中央冠紋和眉紋白色。貫眼紋黑褐色。上背、肩、背暗褐色，羽緣淡色，具細窄的黑色中央紋；下背和腰白色，微綴有

中杓鷸（陳浩堅 攝）

黑色橫斑；尾上覆羽和尾灰色，具黑色橫斑；飛羽黑色，初級飛羽內側具鋸齒狀白色橫斑；外側 3 枚初級飛羽，羽軸白色。內側初級飛羽與次級飛羽具白色橫斑。頦、喉白色。頸和胸灰白色，具黑褐色縱紋。身體兩側和尾下覆羽白色，具黑褐色橫斑。腹中部白色。幼鳥和成鳥相似，但胸具更多皮黃色，微具細窄縱紋，肩和三級飛羽皮黃色斑更顯著。飛翔時可見白色腰。

居留及分佈：

在北半球繁殖，如西伯利亞；從臺灣南部到澳大利亞、新西蘭等地越冬。在中國主要是過境鳥。在澳門是過境遷徙鳥，路氹蓮花大橋濕地（生態二區）、路環電廠圓形地沿海灘塗、九澳海灣灘塗、九澳水庫和荔枝碗灘塗有記錄。

生境及習性：

常單隻或成小群於海邊沼澤、河口濕地活動和覓食，常將朝下彎曲的嘴插入泥地中探覓食物。主要以昆蟲、昆蟲幼蟲、蟹、螺、甲殼類和軟體動物等小型無脊椎動物為食。繁殖期五至七月，通常營巢於湖泊、河流岸邊及其附近沼澤濕地上，巢多置於離水域不遠的土丘或草叢下面的乾燥地上。巢甚簡陋，主要為地上的淺坑，內墊以苔蘚、草莖葉即成。

青腳鷸（Common Greenshank *Tringa nebularia*）

野外識別：

中型涉禽，體長 30 至 35 厘米。嘴長微向上翹。頭頂至後頸灰褐色，羽緣白色。背、肩灰褐或黑褐色，具黑色羽幹紋和窄的白色羽緣，下背、腰及尾上覆羽白色，長的尾上覆羽具少量灰褐色橫斑；尾白色，具細窄的灰褐色橫斑；外側三對尾羽幾純白色，有的具不連續的灰褐色橫斑。眼先、頰、頸側和上胸白色而綴有黑褐色羽幹紋。下胸、腹和尾下覆羽白色。腋羽和翼下覆羽也是白色，具黑褐色斑點。

居留及分佈：

在歐洲北部和西伯利亞繁殖，在亞洲和澳大利亞等地越冬。在中國廣闊地區多為過境遷徙鳥，南方為冬候鳥。在澳門主要是冬候鳥，但在其他季節也可看到少量個體，

青腳鷸（杜卿 攝）

氹仔龍環葡韻濕地、路氹濕地（生態一區）、蓮花大橋濕地（生態二區）、蓮花路南側濕地、路環電廠圓形地沿海灘塗、九澳海灣灘塗、十月初五馬路沿海灘塗和荔枝碗灘塗都有記錄。

生境及習性：

常單獨、成對或小群活動。喜歡在河口沙洲、沿海灘塗和平坦的泥濘地和潮間帶活動和覓食。主要以蝦、蟹、小魚、螺、水生昆蟲和昆蟲幼蟲為食。繁殖期五至七月。常營巢於林中或林緣地帶的湖泊、溪流岸邊和沼澤地上。

磯鷸（Common Sandpiper *Actitis hypoleucos*）

野外識別：

小型鷸類，體長 19 至 21 厘米。嘴腳均較短，具白色眉紋。翼不及尾。上體褐色，飛羽近黑；下體白，胸側具褐灰色斑塊。特徵為飛行時翼上具白色橫紋，腰無白色，外側尾羽無白色橫斑。翼下具黑色及白色橫紋。虹膜為褐色；喙為深灰；腳為淺橄欖綠；叫聲為細而高的管笛音——"twee-wee-wee-wee"。站立時不停地點頭和上下擺尾。飛翔時可見翼上寬闊的白色翼帶，貼近水面、快速地扇動翅膀飛行。

居留及分佈：

在歐洲和亞洲繁殖。在中國長江以北有繁殖記錄，在長江以南為冬候鳥。在澳門主要以冬候鳥為主，但夏季也有

磯鷸（梁權慶 攝 ）

少量個體記錄，澳門水塘東面石堤、關閘東北灘塗、路氹濕地（生態一區）、路氹蓮花大橋濕地（生態二區）、蓮花路南側濕地、路環電廠圓形地沿海灘塗、九澳海灣灘塗、九澳水庫、十月初五馬路沿海灘塗、荔枝碗灘塗均有分佈。

　　生境及習性：
　　喜歡在各類水體邊沿或灘塗上活動。主要以鞘翅目、直翅目、夜蛾、甲蟲等昆蟲為食。也吃螺、蠕蟲等無脊椎動物和小魚以及蝌蚪等小型脊椎動物。繁殖期五至七月。通常營巢於江河岸邊沙灘草叢中地上、江心或湖心小島河漫灘上。

黑腹濱鷸（Dunlin *Calidris alpine*）

野外識別：

小型涉禽，體長 16 至 22 厘米。有獨特的駝背輪廓，嘴黑色，略長，末端下彎。夏季背栗紅色，具黑色中央斑和白色羽緣。眉紋白色。下體白色，頰至胸有黑褐色細縱紋。腹中央黑色，呈大型黑斑。冬羽頭頂、耳區、後頸、背、肩和翅上覆羽淡灰褐色，眉紋白色，下體白色，胸側綴有灰色，微具細的黑褐色縱紋。飛翔時翅上有顯著的白色翅帶，腰和尾黑色，尾兩側白色。站立時外形與彎嘴濱鷸類似，但黑腹濱鷸嘴短，飛行時腰部中央黑色，憑此可以與彎嘴濱鷸區分開。

居留及分佈：

分佈廣泛，在歐洲、亞洲、北美地區繁殖。東部種群在長江以南越冬。在澳門是冬候鳥，在路氹濕地（生態一

黑腹濱鷸（程振強 攝）

區）、蓮花大橋濕地（生態二區）、蓮花路南側濕地有記錄。

　　生境及習性：

　　喜沿海以及內陸泥灘，常集群活動。性活躍，善奔跑，常沿水邊跑跑停停。主要以甲殼類、軟體動物、蠕蟲、昆蟲、昆蟲幼蟲等各種小型無脊椎動物為食。繁殖期五至八月。營巢於苔原沼澤和湖泊岸邊苔蘚地上和草叢中。

紅嘴鷗（Black-headed Gull *Chroicocephalus ridibundus*）

野外識別：

中型水鳥，體長 37 至 43 厘米。身體大部分的羽毛為白色，翼尖為黑色。頭部夏季呈褐色，冬季變為白色，眼

紅嘴鷗（程振強 攝）

後有黑色斑點。喙和腳為紅色，亞成年鳥嘴尖黑色，腿部顏色較淡。

居留及分佈：

在歐洲和亞洲繁殖。中國東北地區也有繁殖記錄，在黃河以南越冬。在澳門是冬候鳥，澳門水塘東面石堤、關閘東北灘塗附近有分佈。

生境及習性：

棲息於平原和低山丘陵地帶的湖泊、河流、水庫、河口、海濱和沿海沼澤地帶。主要以小魚、蝦、水生昆蟲、甲殼類、軟體動物等水生無脊椎動物為食，也吃鼠類、蜥蜴等小型陸棲動物，以及死魚和其他小型動物屍體。繁殖期四至六月。常成小群營巢。

黑尾鷗（Black-tailed Gull *Larus crassirostris*）

野外識別：

中型水禽，體長 44 至 48 厘米。嘴黃色，先端紅色。長有黃色的腳，腰尾白，冬季頭頂及頸背具深色斑。幼鳥

黑尾鷗（程振強 攝）

多沾褐，臉部色淺，嘴粉紅而端黑，尾黑，需要四年才羽翼豐盛達至成長期。正如名字所說，它們擁有一條黑色的尾巴，並會發出像貓叫的哀怨叫聲。

居留及分佈：

在東亞的海岸帶繁殖，包括山東半島，在日本和中國海岸越冬。在澳門是冬候鳥，澳門水塘東面石堤有記錄。

生境及習性：

主要棲息於沿海沙灘、懸崖、草地以及附近的湖泊。常成小群活動，白天在海面上空飛翔或伴隨船隻覓食。主要以海面上層魚類為食，也吃蝦、軟體動物和水生昆蟲以及廢棄食物。繁殖期四至七月。常成小群營巢。

烏灰銀鷗（Heuglin's Gull *Larus heuglini*）

野外識別：

大型水禽，體長 51 至 65 厘米。上體淺灰。冬鳥頭及頸白色具縱紋，胸、腹和尾白色，嘴黃色而近嘴端處有一紅點。三級飛羽具白色月牙形端斑。外形厚重、嘴厚、前額長、頭頂平坦。飛行時初級飛羽外側羽上具小塊翼鏡。翼合攏時至少可見六枚白色羽尖。第四年成鳥羽衣長成。第一冬鳥具褐色雜斑，嘴黑色。第二冬鳥體色略淡、多呈灰色。

居留及分佈：

在西伯利亞繁殖，在亞洲和非洲東部越冬。在中國東部沿海地區有越冬鳥。在澳門是冬候鳥，澳門水塘東面石

烏灰銀鷗（張斌 攝）

堤有分佈。

生境及習性：

冬季棲息於海岸和河口地區。常尾隨船隻或聚集海岸碼頭，每群可達百隻以上，揀食水中死魚或殘留物，也吃齧齒類及昆蟲。繁殖期四至七月，結群營巢於海岸、島嶼、河流岸邊的地面或石灘上。巢很簡陋，由海藻、枯草、小樹枝、羽毛等物堆集而成一淺盤狀。

藍翡翠（Black-capped Kingfisher *Halcyon pileata*）

野外識別：

中型鳥類，體長 28 至 30 厘米。額、頭頂、頭側和枕部黑色，後頸白色，向兩側延伸與喉胸部白色相連，形成一寬闊的白色領環。眼下有一白色斑。背、腰和尾上覆羽鈷藍色，尾亦為鈷藍色，羽軸黑色。翅上覆羽黑色，形成一大塊黑斑。飛翔時，兩翅具明顯的大白斑。亞成鳥後頸白領略呈皮黃色，喉和胸部羽毛具淡褐色端緣。

居留及分佈：

廣泛分佈於亞洲。在中國華北和華中地區是夏候鳥，在華南地區是冬候鳥。在澳門主要是冬候鳥，松山、路氹濕地（生態一區）、路氹蓮花大橋濕地（生態二區）、路環電廠圓形地沿海灘塗、九澳海灣灘塗、路環九澳水庫和黑沙水庫有記錄。

藍翡翠（蔡桂林 攝）

生境及習性：

主要棲息於林中溪流以及山腳與平原地帶的河流、水塘和沼澤地帶。主要以小魚、蝦、蟹和水生昆蟲等水棲動物為食，也吃蛙和鞘翅目、鱗翅目昆蟲及幼蟲。繁殖期五至七月。營巢於水域岸邊土岩岩壁上，掘洞為巢。

黃眉柳鶯（Yellow-browed Warbler *Phylloscopus inornatus*）

野外識別：

小型鳥類，體長 10 至 11 厘米。上體橄欖綠色，眉紋淡黃色，貫眼紋黑色，翅上有兩道明顯的白色翼斑，缺少中央冠紋，下體色彩從白色變至黃綠色。叫聲為輕微的"swee-ee"。

居留及分佈：

在西伯利亞和中國北方繁殖，在東南亞和中國南方越冬。在澳門是冬候鳥，分佈廣泛，於松山、青洲山、紀念孫中山市政公園、氹仔大潭山、氹仔小潭山、龍環葡韻鷺鳥林、黑沙水庫健康徑、九澳水庫環湖徑、龍爪角海岸

黃眉柳鶯（張斌 攝）

徑、路環東北步行徑和路環步行徑均可見。

生境及習性：

棲息於森林中，常於森林中上層覓食，遷徙期間多成小群活動。主要以昆蟲為食。營巢於茂密樹上的枝杈間和地上。

黑枕王鶲（Black-naped Monarch *Hypothymis azurea*）

野外識別：

小型鳥類，體長 15 至 17 厘米。身體灰藍色。雄鳥：頭、胸、背及尾藍色，翼上多灰色，腹部近白，羽冠短，嘴上的小塊斑及狹窄的喉帶黑色，是黑枕王鶲的典型性特徵。雌鳥：頭藍灰，胸灰色較濃，背、翼及尾褐灰，少雄鳥的黑色羽冠及喉帶。

居留及分佈：

在亞洲亞熱帶和熱帶地區廣泛分佈。在中國主要分佈在西南和華南地區。在澳門是冬候鳥，氹仔大潭山、黑沙水庫健康徑和路環步行徑有記錄。

黑枕王鶲（黃理沛、江敏兒 攝）

生境及習性：

棲息於低海拔林地，尤喜近溪流的濃密灌叢。常與其他種類混群，於林間捕食飛蟲。營巢於樹和竹的枝杈上。巢由細草莖和草葉、植物纖維和苔蘚等構成。

絲光椋鳥 (Red-billed Starling *Spodiopsar sericeus*)

野外識別：

中型鳥類，體長約 24 厘米。嘴鮮紅色，嘴尖端黑色。
雄鳥頭、頸絲光白色或棕白色，胸灰色，往後均變淡，兩
翅和尾黑色。雌鳥頭頂前部棕白色，後部暗灰色，上體灰

絲光椋鳥（杜卿 攝）

褐色，其他同雄鳥。不論雄鳥還是雌鳥，飛行時其翅上有明顯的白斑。

居留及分佈：

在國外偶見於越南、泰國和老撾。在中國，主要分佈於長江流域及其以南地區。在澳門是冬候鳥，紀念孫中山市政公園、路氹濕地（生態一區）、蓮花大橋濕地（生態二區）、路環十月初五馬路沿海灘塗和荔枝碗灘塗有分佈。

生境及習性：

偏好開闊低地和沿岸沼澤。主要以昆蟲為食，也吃桑葚、榕果等植物果實與種子，常集大群，晚上棲息於紅樹林地或竹林中。營巢於樹洞或屋頂洞穴中。

灰背鶇 (Grey-backed Thrush *Turdus hortulorum*)

野外識別：

中型鳥類，體長 20 至 23 厘米。兩脅棕色。雄鳥：上體全灰，喉灰或偏白，胸灰，腹中心及尾下覆羽白，兩脅及翼下橘黃、飛行時明顯。雌鳥：上體褐色較重，喉及胸

灰背鶇（錢斌 攝）

白，胸側及兩脅具黑色點斑。

居留及分佈：

在西伯利亞和中國東北繁殖，在華南地區越冬。在澳門是冬候鳥，松山、氹仔大潭山、小潭山、路環九澳水庫環湖徑、東北步行徑和路環步行徑有記錄。

生境及習性：

地棲性鳥類，常在地面活動和覓食，善於在地面跳躍行走，偏好在花園及樹林裡的矮樹叢活動。主要以昆蟲為食，也吃蚯蚓、植物果實和種子。繁殖期五至八月。通常營巢於林下幼樹枝杈上。

*紅脅藍尾鴝 (*Red-flanked Bluetail *Tarsiger cyanurus*)

野外識別：

小型鳥類，體長 13 至 15 厘米。特徵為橘黃色兩脅與白色腹部及臀成對比。雌雄都有紅棕色的藍尾。雄性上體藍色，有一白色眉紋，臉部藍色，下體白色。雌鳥上體橄欖褐色、白色眉紋較短。第一年冬羽，大覆羽先端灰色。叫聲為哨聲 "wheest" 和輕微的 "tuc-tuc"。

居留及分佈：

在歐洲和亞洲有分佈，主要在東亞地區繁殖。在中國，於東北和西南地區繁殖，於南方越冬。在澳門是冬候鳥，在氹仔小潭山、路環九澳水庫環湖徑、東北步行徑、

紅脅藍尾鴝(杜卿 攝)

黑沙水庫健康徑和路環步行徑有記錄。

生境及習性：

棲息於山地森林，林緣等地。常單獨或成小群活動，多在林下灌叢間活動和覓食。主要以昆蟲和昆蟲幼蟲為食。此外也吃少量植物種子。通常營巢於海拔 1000 米以上的地方。

黑喉石鵖 (Siberian Stonechat *Saxicola maurus*)

野外識別：

小型鳥類，體長 12 至 13 厘米。繁殖期間雄鳥頭黑，頸、翼和尾上覆羽有白斑，胸部粉紅色，腹部白色；雌鳥上體有褐色縱紋，頭褐色，有淡淡的眉紋，下體褐色，尾偏黑色。叫聲似石塊摩擦聲 "tsak"。非繁殖季節的雄鳥似雌鳥，但頭、喉仍然是黑色。

居留及分佈：

分佈於歐洲、亞洲和非洲，在中亞和東亞繁殖。在中國東北繁殖、華南地區越冬。在澳門是冬候鳥，在關閘

黑喉石鵰（黃理沛、江敏兒 攝）

東北灘塗、路氹濕地（生態一區）、蓮花大橋濕地（生態二區）、蓮花路南側濕地有記錄。

生境及習性：

常見於林緣灌叢和疏林草地，常單獨或成對活動。喜歡站在灌木枝頭和小樹頂上，有時也站在田間或路邊的電線上和農作物頂端，並不斷地扭動著尾羽。主要以昆蟲為食，也吃少量植物果實和種子。通常營巢於土坎或塔頭墩下，也在岩坡石縫、土洞、倒木樹洞和灌叢隱蔽下的地上凹坑內營巢。巢呈碗狀或杯狀。

夏候鳥

八聲杜鵑（Plaintive Cuckoo *Cacomantis merulinus*）

野外識別：

小型鳥類，體長 18 至 23 厘米。有兩個色型，"常見型"雄鳥頭、頸和上胸灰色，背至尾暗灰色，胸以下栗色，上下體均無橫斑。尾具白色端斑。雌鳥上體具灰黑色和栗色相間的橫斑、下體具黑白相間的橫斑。"深色型"上體深黃色，下體白色，具窄的褐色斑。繁殖期間常整天鳴叫。叫聲為八聲一度。

居留及分佈：

在亞洲廣泛分佈。在中國華南地區是夏候鳥。在澳門為夏候鳥，分佈廣泛，松山、氹仔大潭山、小潭山、路環九澳水庫環湖徑、東北步行徑、黑沙水庫健康徑、路環步

八聲杜鵑（戴錦超 攝）

行徑均可見。

生境及習性：

主要棲息於低山丘陵、草坡、耕地和村莊附近。單獨或成對活動，性較活躍。主要以昆蟲為食，毛蟲等鱗翅目幼蟲為最喜歡的食物。自己不營巢，通常將卵產於長尾縫葉鶯的巢中。

鷹鵑 (Large Hawk Cuckoo *Hierococcyx sparverioides*)

野外識別：

大型杜鵑，體長 38 至 40 厘米。羽色略似鳳頭鷹。頭灰色，背褐色，喉、上胸具栗色和暗灰色縱紋，下胸和腹具暗褐色橫斑。尾灰色具褐色橫斑。繁殖期叫聲非常響亮，重複 "pwee pwee-ha"，很遠就能聽見。

居留及分佈：

廣泛分佈於亞洲。在中國的華中、華南地區是夏候鳥。在澳門是夏候鳥，在氹仔大潭山、路環九澳水庫環湖徑、黑沙水庫健康徑、路環步行徑等地有記錄。

鷹鵑（戴錦超 攝）

生境及習性：

主要棲息於山地森林中，常單獨活動，多隱藏於樹頂枝葉間鳴叫。主要以昆蟲為食，特別是鱗翅目幼蟲、蝗蟲、鞘翅目昆蟲最為喜歡。繁殖期五至八月。自己不營巢，常將卵產於寄主巢中。

四聲杜鵑 (Indian Cuckoo *Cuculus micropterus*)

野外識別：

中型鳥類，體長 32 至 33 厘米。身體偏灰，上嘴黑色，下嘴偏綠，眼圈黃色，尾灰並具寬闊的黑色次端斑，灰色頭部與深灰色背部成對比，腳黃色。雌鳥較雄鳥多褐色。亞成鳥頭及上背具偏白的皮黃色鱗狀斑紋。叫聲為響亮清晰的四聲哨音"whi-whi-whi-whu"，不斷重複，第四聲較低。

居留及分佈：

廣泛分佈於亞洲。在中國是夏候鳥。在澳門是夏候鳥；氹仔大潭山、小潭山，路環九澳水庫環湖徑、東北步行徑、黑沙水庫健康徑、路環步行徑、龍爪角海岸徑有記錄。

四聲杜鵑（黃理沛、江敏兒 攝）

生境及習性：

棲息於山地和平原的森林中，有時也出現在農田邊
緣。性機警，通常只聞其聲不見其鳥。棲於森林上層，主
要以昆蟲為食。繁殖期五至七月，自己不營巢，寄主常常
是黑卷尾。

黑卷尾（Black Drongo *Dicrurus macrocercus*）

野外識別：

中型鳥類，體長 27 至 30 厘米。全身黑色而具有藍綠色的金屬光澤，長長的尾巴呈叉狀，外側尾羽向上、向外兩個方向翹起。幼鳥僅肩、背部具光澤，翼緣綴有白色，下體自胸以下具近白色端斑，愈後愈明顯，尾開叉較淺。

居留及分佈：

黑卷尾（黃理沛、江敏兒 攝）

　　廣泛分佈於亞洲地區，中國多數地區有分佈。在澳門以夏候鳥為主，但偶爾在冬天也有記錄，分佈廣泛，於松山、氹仔大潭山、小潭山、龍環葡韻鷺鳥林、路氹濕地（生態一區）、蓮花大橋濕地（生態二區）、路環九澳水庫環湖徑、東北步行徑、黑沙水庫健康徑、路環步行徑及龍爪角海岸徑均可見。

　　生境及習性：

　　棲息於開闊地區的叢林中，也見於次生林、果園等地。多成對或成小群活動，喜歡停息在高大的喬木或電線上。主要以昆蟲為食。多營巢於闊葉樹上，巢呈淺杯狀。繁殖期四至七月，此時期性兇猛，領域性強。

春秋遷徙過境鳥

黃斑葦鳽 (Yellow Bittern　Ixobrychus sinensis)

　　野外識別：

　　小型鷺類，體長 30 至 40 厘米。飛翔時黑色的翅和尾與黃褐色上體對比強烈。雄鳥頭頂黑色，後頸和背黃褐

色。雌鳥與雄鳥相似，頭頂黑色由栗褐色代替。未成年鳥
腹和背都具黑褐色或黃褐色縱紋。

居留及分佈：

主要分佈在亞洲。在中國東北、華中和華南地區是夏

黃斑葦鳽（杜卿 攝）

候鳥。在澳門是夏候鳥或遷徙過境鳥，偶爾在冬季也有記錄，氹仔龍環葡韻鷺鳥林、路氹濕地（生態一區）、蓮花大橋濕地（生態二區）有分佈。

生境及習性：

喜歡有開闊水面又有大片蘆葦和蒲草等挺水植物的湖泊、水庫、水塘和沼澤地。性機警，常單獨或成對於清晨或傍晚活動，在水邊淺水處覓食。主要以小魚、蝦、蛙、水生昆蟲等動物性食物為食。在珠江三角洲地區，在紅樹林或蘆葦叢中繁殖。繁殖期四至八月，營巢於淺水處蘆葦叢和蒲草叢中。

牛背鷺（Eastern Cattle Egret *Bubulcus coromandus*）

野外識別：

中型涉禽，體長 46 至 56 厘米。繁殖期，頭、頸和胸披著橙黃色的飾羽，其餘白色。非繁殖鳥與中白鷺相似，但站立時有駝背的感覺，嘴橙黃色，腳和趾黑色，這些特徵很容易與中白鷺區分開來。

牛背鷺（戴錦超 攝）

居留及分佈：

在亞洲繁殖。在澳門是遷徙過境鳥，氹仔龍環葡韻鷺鳥林、路氹濕地（生態一區）、蓮花大橋濕地（生態二區）等多處灘塗常見；澳門水塘、氹仔大潭山原生魚類保育區也有記錄。

生境及習性：

棲息於平原草地、牧場、湖泊、水塘、沼澤和農田等地，常成對或小群活動，喜歡站在牛背上或跟隨耕田的牛啄食翻耕出來的昆蟲和牛背上的寄生蟲，休息時喜歡站在樹梢上。主要以蝗蟲、蟋蟀、牛蠅、金龜子等昆蟲為食，也食蜘蛛、黃鱔和蛙等動物。繁殖期四至七月，常成群於樹上或竹林築巢，巢由枯枝構成，內墊有少許乾草，在珠江三角洲地區牛背鷺的繁殖時間比其他鷺鳥晚。

綠鷺 *(Striated Heron　Butorides striata)*

野外識別：

中型涉禽，體長 35 至 48 厘米。嘴長尖，頸短，體較

綠鷺（杜卿 攝）

粗胖，尾短而圓。頭頂和長的冠羽黑色而具有綠色金屬光澤，頸和上體綠色，背、肩披長而窄的青銅色矛狀羽。嘴黑色，跗蹠黃綠色，常縮頸呈蹲伏狀站於水邊。

居留及分佈：

廣泛分佈於亞洲、非洲、美洲和澳大利亞，在中國從東北到華南均有繁殖記錄。在澳門是夏候鳥或過境鳥，關閘東北灘塗、氹仔龍環葡韻濕地、路氹濕地（生態一區）、蓮花路南側濕地、路環九澳海灣灘塗、九澳水庫、黑沙水庫有分佈。

生境及習性：

性孤獨，常常獨棲於有濃密樹陰的枝杈或樹樁上，亦見棲於濃密的灌叢中或樹陰下的石頭上。主要以魚為食，也吃蛙、蟹、蝦、水生昆蟲和軟體動物。繁殖期五至八月，在沼澤的樹叢中營巢，巢很簡陋，用一些乾樹枝堆集而成，呈淺杯狀。

黑翅長腳鷸 (Black-winged Stilt *Himantopus himantopus)*

野外識別：

中型涉禽，體長 35 至 40 厘米。腳特別長而細，紅色。嘴黑色，長而尖細。頭頂、頸後和翅膀黑色，其餘白色。

黑翅長腳鷸（李向陽 攝）

居留及分佈：

分佈於歐洲和亞洲。在中國北方繁殖，近年在香港也有繁殖記錄。在澳門是冬候鳥或過境鳥，路氹濕地（生態一

區)、蓮花大橋濕地 (生態二區) 有記錄。

生境及習性：

棲息於開闊的湖泊、水塘和沼澤地帶。常單獨、成對
或小群於水邊淺水處、小水塘、沼澤地以及水邊泥地上覓
食。主要以軟體動物、甲殼類、環節動物、昆蟲、昆蟲幼
蟲以及小魚和蝌蚪等動物性食物為主。繁殖期五至七月。
常成群營巢於開闊的湖邊沼澤、草地或湖中露出水面的淺
灘及沼澤地上。巢呈杯狀，主要以蘆葦莖、葉和雜草構成。

澤鷸 (Marsh Sandpiper　Tringa stagnatilis)

野外識別：

小型涉禽，體長 22 至 26 厘米。嘴黑色，纖細而直。
夏季上體灰褐色，具黑色斑。下體白色，頸、胸側具細黑
色縱紋。腰白色並向下背呈楔形延伸。冬季上體淺灰色，
具細窄的白色羽緣，下體白色，頸側和胸具灰褐色縱紋，
白色眉紋明顯。飛翔時白色的腰和黑色的翅形成明顯對
比，細長的腳遠遠伸出於尾外。

澤鷸（程振強 攝）

居留及分佈：

在西伯利亞、中國東北等地繁殖，在中國華南地區、東南亞和澳大利亞等地越冬。在澳門是過境遷徙鳥、冬候鳥，路氹濕地（生態一區）、蓮花大橋濕地（生態二區）、路環九澳海灣灘塗、十月初五馬路沿海灘塗、荔枝碗灘塗有記錄。

生境及習性：

棲息於湖泊、河流、水塘、沿海沼澤和水田地帶。性膽小而機警，常單獨、成對或小群活動和覓食。主要以水生昆蟲、蠕蟲、軟體動物和甲殼類為食，也吃小魚和魚苗。繁殖期五至七月。營巢於開闊平原和平原森林地帶的湖泊、河流、水塘岸邊及其附近沼澤的草地上。

山斑鳩（Oriental Turtle Dove *Streptopelia orientalis*）

野外識別：

中型鳥類，體長 33 至 35 厘米。上體紅褐色，頸兩側有黑色斑塊。下體主要為葡萄酒紅褐色。尾黑色，具灰白色端斑，飛翔時極為醒目。

居留及分佈：

在亞洲廣泛分佈，基本上是留鳥。在澳門是過境遷徙鳥或冬候鳥，氹仔大潭山、小潭山，路環九澳水庫環湖

山斑鳩（張斌 攝）

徑、東北步行徑有過記錄。

生境及習性：

常棲息於低山丘陵、公園、果園和農田耕地及宅旁竹林和樹上。常成對或成小群活動。主要以各種植物果實、種子、嫩葉、幼芽為食，也吃農作物，如稻穀、玉米、黃豆等，有時也吃鱗翅目幼蟲、甲蟲等昆蟲。繁殖期四至七月。營巢於森林中樹上，也在宅旁竹林、孤樹

或灌木叢中。巢呈盤狀，結構鬆散，主要由細的枯樹枝
交錯堆集而成。

黑枕黃鸝（Black-naped Oriole *Oriolus chinensis*）

野外識別：

中型鳥類，體長 24 至 28 厘米。背、腹金黃色，兩
翅和尾黑色。寬闊的黑色貫眼紋一直向枕後延伸而形成一
圈。雌鳥偏綠色，幼鳥下體有縱紋。

居留及分佈：

分佈於亞洲，在東亞地區繁殖。在中國大部分地區
有分佈。在澳門是夏候鳥、過境遷徙鳥，松山、氹仔小潭
山、路環九澳水庫環湖徑有分佈。

生境及習性：

棲息於闊葉林、混交林等地。主要在高大喬木上活
動，主要以昆蟲為食，也吃植物果實、種子、花等植物性
食物。常築巢於樹林高處。

黑枕黄鸝（杜卿 攝）

附錄一
澳門鳥類總名錄

中文名	英文名	學名
一、雞形目		*GALLIFORMES*
（一）雉科		*Phasianidae*
1. 中華鷓鴣	Chinese Francolin	*Francolinus pintadeanus*
2. 鵪鶉	Japanese Quail	*Coturnix japonica*
二、雁形目		*ANSERIFORMES*
（二）鴨科		*Anatidae*
3. 灰雁	Greylag Goose	*Anser anser*
4. 鴛鴦	Mandarin Duck	*Aix galericulata*
5. 赤頸鴨	Eurasian Wigeon	*Anas penelope*
6. 綠頭鴨	Mallard	*Anas platyrhynchos*
7. 斑嘴鴨	Eastern Spot-billed Duck	*Anas zonorhyncha*
8. 琵嘴鴨	Northern Shoveler	*Anas clypeata*
9. 針尾鴨	Northern Pintail	*Anas acuta*

中文名	英文名	學名
10. 白眉鴨	Garganey	*Anas querquedula*
11. 綠翅鴨	Eurasian Teal	*Anas crecca*
12. 鳳頭潛鴨	Tufted Duck	*Aythya fuligula*
三、鸊鷉目		*PODICIPEDIFORMES*
（三）鸊鷉科		*Podicipedidae*
13. 小鸊鷉	Little Grebe	*Tachybaptus ruficollis*
四、鸛形目		*CICONIIFORMES*
（四）鸛科		*Ciconiidae*
14. 東方白鸛	Oriental Stork	*Ciconia boyciana*
五、鵜形目		*PELECANIFORMES*
（五）鹮科		*Threskiornithidae*
15. 彩鹮	Glossy Ibis	*Plegadis falcinellus*
16. 白琵鷺	Eurasian Spoonbill	*Platalea leucorodia*
17. 黑臉琵鷺	Black-faced Spoonbill	*Platalea minor*
（六）鷺科		*Ardeidae*
18. 大麻鷺	Eurasian Bittern	*Botaurus stellaris*
19. 黃葦鷺	Yellow Bittern	*Ixobrychus sinensis*
20. 紫背葦鷺	Von Schrenck's Bittern	*Ixobrychus eurhythmus*

中文名	英文名	學名
21. 栗葦鳽	Cinnamon Bittern	*Ixobrychus cinnamomeus*
22. 黑鳽	Black Bittern	*Dupetor flavicollis*
23. 夜鷺	Black-crowned Night Heron	*Nycticorax nycticorax*
24. 綠鷺	Striated Heron	*Butorides striata*
25. 池鷺	Chinese Pond Heron	*Ardeola bacchus*
26. 牛背鷺	Eastern Cattle Egret	*Bubulcus coromandus*
27. 蒼鷺	Grey Heron	*Ardea cinerea*
28. 草鷺	Purple Heron	*Ardea purpurea*
29. 大白鷺	Eastern Great Egret	*Ardea modesta*
30. 中白鷺	Intermediate Egret	*Egretta intermedia*
31. 白鷺	Little Egret	*Egretta garzetta*
32. 岩鷺	Pacific Reef Heron	*Egretta sacra*
33. 黃嘴白鷺	Chinese Egret	*Egretta eulophotes*
六、鰹鳥目		*SULIFORMES*
（七）軍艦鳥科		*Fregatidae*
34. 白斑軍艦鳥	Lesser Frigatebird	*Fregata ariel*
（八）鸕鷀科		*Phalacrocoracidae*

中文名	英文名	學名
35. 普通鸕鶿	Great Cormorant	*Phalacrocorax carbo*
七、鷹形目		*ACCIPITRIFORMES*
（九）鶚科		*Pandionidae*
36. 鶚	Western Osprey	*Pandion haliaetus*
（十）鷹科		*Accipitridae*
37. 黑冠鵑隼	Black Baza	*Aviceda leuphotes*
38. 鳳頭蜂鷹	Oriental Honey-buzzard	*Pernis ptilorhynchus*
39. 黑翅鳶	Black-winged Kite	*Elanus caeruleus*
40. 黑鳶	Black Kite	*Milvus migrans*
41. 白腹海雕	White-bellied Sea Eagle	*Haliaeetus leucogaster*
42. 蛇雕	Crested Serpent Eagle	*Spilornis cheela*
43. 白腹鷂	Eastern marsh Harrier	*Circus spilonotus*
44. 鳳頭鷹	Crested Goshawk	*Accipiter trivirgatus*
45. 褐耳鷹	Shikra	*Accipiter badius*
46. 赤腹鷹	Chinese Sparrowhawk	*Accipiter soloensis*
47. 日本松雀鷹	Japanese Sparrowhawk	*Accipiter gularis*
48. 松雀鷹	Besra	*Accipiter virgatus*
49. 雀鷹	Eurasian Sparrowhawk	*Accipiter nisus*

中文名	英文名	學名
50. 普通鵟	Eastern Buzzard	*Buteo japonicus*
51. 白腹隼雕	Bonelli's Eagle	*Aquila fasciata*
八、隼形目		*FALCONIFORMES*
（十一）隼科		*Falconidae*
52. 紅隼	Common Kestrel	*Falco tinnunculus*
53. 遊隼	Peregrine Falcon	*Falco peregrinus*
九、鶴形目		*GRUIFORMES*
（十二）秧雞科		*Rallidae*
54. 灰胸秧雞	Slaty-breasted Rail	*Gallirallus striatus*
55. 普通秧雞	Water Rail	*Rallus aquaticus*
56. 紅腳苦惡鳥	Brown Crake	*Amaurornis akool*
57. 白胸苦惡鳥	White-breasted Waterhen	*Amaurornis phoenicurus*
58. 小田雞	Baillon's Crake	*Porzana pusilla*
59. 紅胸田雞	Ruddy-breasted Crake	*Porzana fusca*
60. 斑脅田雞	Band-bellied Crake	*Porzana paykullii*
61. 董雞	Watercock	*Gallicrex cinerea*
62. 黑水雞	Common moorhen	*Gallinula chloropus*
63. 骨頂雞	Eurasian Coot	*Fulica atra*

中文名	英文名	學名
（十三）鶴科		*Gruidae*
64. 灰鶴	Common Crane	*Grus grus*
十、鴴形目		*CHARADRIIFORMES*
（十四）三趾鶉科		*Turnicidae*
65. 黃腳三趾鶉	Yellow-legged Buttonquail	*Turnix tanki*
66. 棕三趾鶉	Barred Buttonquail	*Turnix suscitator*
（十五）反嘴鷸科		*Recurvirostridae*
67. 黑翅長腳鷸	Black-winged Stilt	*Himantopus himantopus*
68. 反嘴鷸	Pied Avocet	*Recurvirostra avosetta*
（十六）鴴科		*Charadriidae*
69. 鳳頭麥雞	Northern Lapwing	*Vanellus vanellus*
70. 灰頭麥雞	Grey-headed Lapwing	*Vanellus cinereus*
71. 金斑鴴	Pacific Golden Plover	*Pluvialis fulva*
72. 灰斑鴴	Grey Plover	*Pluvialis squatarola*
73. 金眶鴴	Little Ringed Plover	*Charadrius dubius*
74. 環頸鴴	Kentish Plover	*Charadrius alexandrinus*
75. 蒙古沙鴴	Lesser Sand Plover	*Charadrius mongolus*
76. 鐵嘴沙鴴	Greater Sand Plover	*Charadrius leschenaultii*

中文名	英文名	學名
77. 東方鴴	Oriental Plover	*Charadrius veredus*
（十七）彩鷸科		*Rostratulidae*
78. 彩鷸	Greater Painted Snipe	*Rostratula benghalensis*
（十八）水雉科		*Jacanidae*
79. 水雉	Pheasant-tailed Jacana	*Hydrophasianus chirurgus*
（十九）鷸科		*Scolopacidae*
80. 丘鷸	Eurasian Woodcock	*Scolopax rusticola*
81. 姬鷸	Jack Snipe	*Lymnocryptes minimus*
82. 針尾沙錐	Pintail Snipe	*Gallinago stenura*
83. 大沙錐	Swinhoe's Snipe	*Gallinago megala*
84. 扇尾沙錐	Common Snipe	*Gallinago gallinago*
85. 半蹼鷸	Asian Dowitcher	*Limnodromus semipalmatus*
86. 黑尾塍鷸	Black-tailed Godwit	*Limosa limosa*
87. 斑尾塍鷸	Bar-tailed Godwit	*Limosa lapponica*
88. 小杓鷸	Little Curlew	*Numenius minutus*
89. 中杓鷸	Whimbrel	*Numenius phaeopus*
90. 白腰杓鷸	Eurasian Curlew	*Numenius arquata*

中文名	英文名	學名
91. 大杓鷸	Eastern Curlew	*Numenius madagascariensis*
92. 鶴鷸	Spotted Redshank	*Tringa erythropus*
93. 紅腳鷸	Common Redshank	*Tringa totanus*
94. 澤鷸	Marsh Sandpiper	*Tringa stagnatilis*
95. 青腳鷸	Common Greenshank	*Tringa nebularia*
96. 小青腳鷸	Nordmann's Greenshank	*Tringa guttifer*
97. 白腰草鷸	Green Sandpiper	*Tringa ochropus*
98. 林鷸	Wood Sandpiper	*Tringa glareola*
99. 灰尾漂鷸	Grey-tailed Tattler	*Tringa brevipes*
100. 翹嘴鷸	Terek Sandpiper	*Xenus cinereus*
101. 磯鷸	Common Sandpiper	*Actitis hypoleucos*
102. 翻石鷸	Ruddy Turnstone	*Arenaria interpres*
103. 大濱鷸	Great Knot	*Calidris tenuirostris*
104. 紅腹濱鷸	Red Knot	*Calidris canutus*
105. 三趾濱鷸	Sanderling	*Calidris alba*
106. 紅頸濱鷸	Red-necked Stint	*Calidris ruficollis*
107. 小濱鷸	Little Stint	*Calidris minuta*

中文名	英文名	學名
108. 青腳濱鷸	Temminck's Stint	*Calidris temminckii*
109. 長趾濱鷸	Long-toed Stint	*Calidris subminuta*
110. 斑胸濱鷸	Pectoral Sandpiper	*Calidris melanotos*
111. 尖尾濱鷸	Sharp-tailed Sandpiper	*Calidris acuminata*
112. 彎嘴濱鷸	Curlew Sandpiper	*Calidris ferruginea*
113. 黑腹濱鷸	Dunlin	*Calidris alpina*
114. 勺嘴鷸	Spoon-billed Sandpiper	*Eurynorhynchus pygmeus*
115. 闊嘴鷸	Broad-billed Sandpiper	*Limicola falcinellus*
116. 紅頸瓣蹼鷸	Red-necked Phalarope	*Phalaropus lobatus*
（二十）燕鴴科		*Glareolidae*
117. 普通燕鴴	Oriental Pratincole	*Glareola maldivarum*
（二十一）鷗科		*Laridae*
118. 白玄鷗	White Tern	*Gygis alba*
119. 紅嘴鷗	Black-headed Gull	*Chroicocephalus ridibundus*
120. 黑嘴鷗	Saunders's Gull	*Chroicocephalus saundersi*
121. 黑尾鷗	Black-tailed Gull	*Larus crassirostris*
122. 海鷗	Mew Gull	*Larus canus*

中文名	英文名	學名
123. 烏灰銀鷗	Heuglin's Gull	*Larus heuglini*
124. 蒙古銀鷗	Mongolia Gull	*Larus mongolicus*
125. 灰背鷗	Slaty-backed Gull	*Larus schistisagus*
126. 鷗嘴噪鷗	Gull-billed Tern	*Gelochelidon nilotica*
127. 紅嘴巨鷗	Caspian Tern	*Hydroprogne caspia*
128. 白額燕鷗	Little Tern	*Sternula albifrons*
129. 白翅浮鷗	White-winged Tern	*Chlidonias leucopterus*
十一、鴿形目		*COLUMBIFORMES*
(二十二) 鳩鴿科		*Columbidae*
130. 原鴿	Rock Dove	*Columba livia*
131. 山斑鳩	Oriental Turtle Dove	*Streptopelia orientalis*
132. 灰斑鳩	Eurasian Collared Dove	*Streptopelia decaocto*
133. 火斑鳩	Red Turtle Dove	*Streptopelia tranquebarica*
134. 珠頸斑鳩	Spotted Dove	*Spilopelia chinensis*
135. 綠翅金鳩	Common Emerald Dove	*Chalcophaps indica*
十二、鵑形目		*CUCULIFORMES*
(二十三) 杜鵑科		*Cuculidae*

中文名	英文名	學名
136. 褐翅鴉鵑	Greater Coucal	*Centropus sinensis*
137. 小鴉鵑	Lesser Coucal	*Centropus bengalensis*
138. 紅翅鳳頭鵑	Chestnut-winged Cuckoo	*Clamator coromandus*
139. 噪鵑	Asian Koel	*Eudynamys scolopaceus*
140. 八聲杜鵑	Plaintive Cuckoo	*Cacomantis merulinus*
141. 烏鵑	Fork-tailed Drongo-Cuckoo	*Surniculus dicruroides*
142. 鷹鵑	Large Hawk-Cuckoo	*Hierococcyx sparverioides*
143. 四聲杜鵑	Indian Cuckoo	*Cuculus micropterus*
144. 中杜鵑	Himalayan Cuckoo	*Cuculus saturatus*
145. 大杜鵑	Common Cuckoo	*Cuculus canorus*
十三、鴞形目		*STRIGIFORMES*
（二十四）草鴞科		*Tytonidae*
146. 草鴞	Eastern Grass Owl	*Tyto longimembris*
（二十五）鴟鴞科		*Strigidae*
147. 黃嘴角鴞	Mountain Scops Owl	*Otus spilocephalus*
148. 西領角鴞	Collared Scops Owl	*Otus lettia*
149. 雕鴞	Eurasian Eagle-Owl	*Bubo bubo*

中文名	英文名	學名
150. 褐漁鴞	Brown Fish Owl	*Ketupa zeylonensis*
151. 領鵂鶹	Collared Owlet	*Glaucidium brodiei*
152. 斑頭鵂鶹	Asian Barred Owlet	*Glaucidium cuculoides*
153. 短耳鴞	Short-eared Owl	*Asio flammeus*
十四、夜鷹目		*CAPRIMULGIFORMEwS*
(二十六) 夜鷹科		*Caprimulgidae*
154. 普通夜鷹	Grey Nightjar	*Caprimulgus jotaka*
155. 林夜鷹	Savanna Nightjar	*Caprimulgus affinis*
十五、雨燕目		*APODIFORMES*
(二十七) 雨燕科		*Apodidae*
156. 白腰雨燕	Fork-tailed Swift	*Apus pacificus*
157. 小白腰雨燕	House Swift	*Apus nipalensis*
十六、佛法僧目		*CORACIIFORMES*
(二十八) 佛法僧科		*Coraciidae*
158. 三寶鳥	Oriental Dollarbird	*Eurystomus orientalis*
(二十九) 翠鳥科		*Alcedinidae*
159. 白胸翡翠	White-throated Kingfisher	*Halcyon smyrnensis*
160. 藍翡翠	Black-capped Kingfisher	*Halcyon pileata*

中文名	英文名	學名
161. 普通翠鳥	Common Kingfisher	*Alcedo atthis*
162. 斑魚狗	Pied Kingfisher	*Ceryle rudis*
十七、犀鳥目		*BUCEROTIFORMES*
（三十）戴勝科		*Upupidae*
163. 戴勝	Eurasian Hoopoe	*Upupa epops*
十八、鴷形目		*PICIFORMES*
（三十一）啄木鳥科		*Picidae*
164. 蟻鴷	Eurasian Wryneck	*Jynx torquilla*
十九、雀形目		*PASSERIFORMES*
（三十二）八色鶇科		*Pittidae*
165. 仙八色鶇	Fairy Pitta	*Pitta nympha*
（三十三）山椒鳥科		*Campephagidae*
166. 暗灰鵑鵙	Black-winged Cuckooshrike	*Coracina melaschistos*
167. 赤紅山椒鳥	Orange Minivet	*Pericrocotus flammeus*
（三十四）伯勞科		*Laniidae*
168. 牛頭伯勞	Bull-headed Shrike	*Lanius bucephalus*
169. 紅尾伯勞	Brown Shrike	*Lanius cristatus*
170. 棕背伯勞	Long-tailed Shrike	*Lanius schach*

中文名	英文名	學名
(三十五) 黃鸝科		*Oriolidae*
171. 黑枕黃鸝	Black-naped Oriole	*Oriolus chinensis*
(三十六) 卷尾科		*Dicruridae*
172. 黑卷尾	Black Drongo	*Dicrurus macrocercus*
173. 灰卷尾	Ashy Drongo	*Dicrurus leucophaeus*
174. 鴉嘴卷尾	Crow-billed Drongo	*Dicrurus annectans*
175. 古銅色卷尾	Bronzed Drongo	*Dicrurus aeneus*
176. 髮冠卷尾	Hair-crested Drongo	*Dicrurus hottentottus*
(三十七) 王鶲科		*Monarchinae*
177. 黑枕王鶲	Black-naped Monarch	*Hypothymis azurea*
178. 壽帶	Asian Paradise Flycatcher	*Terpsiphone paradisi*
179. 紫壽帶	Japanese Paradise Flycatcher	*Terpsiphone atrocaudata*
(三十八) 鴉科		*Corvidae*
180. 灰喜鵲	Azure-winged Magpie	*Cyanopica cyanus*
181. 紅嘴藍鵲	Red-billed Blue Magpie	*Urocissa erythrorhyncha*
182. 灰樹鵲	Grey Treepie	*Dendrocitta formosae*
183. 喜鵲	Eurasian Magpie	*Pica pica*

中文名	英文名	學名
184. 家鴉	House Crow	*Corvus splendens*
185. 大嘴烏鴉	Large-billed Crow	*Corvus macrorhynchos*
186. 白頸鴉	Collared Crow	*Corvus torquatus*
(三十九) 鶯鶲科		*Stenostiridae*
187. 方尾鶲	Grey-headed Canary Flycatcher	*Culicicapa ceylonensis*
(四十) 山雀科		*Paridae*
188. 大山雀	Great Tit	*Parus major*
(四十一) 攀雀科		*Remizidae*
189. 中華攀雀	Chinese Penduline Tit	*Remiz consobrinus*
(四十二) 百靈科		*Alaudidae*
190. 雲雀	Eurasian Skylark	*Alauda arvensis*
191. 小雲雀	Oriental Skylark	*Alauda gulgula*
(四十三) 鵯科		*Pycnonotidae*
192. 紅耳鵯	Red-whiskered Bulbul	*Pycnonotus jocosus*
193. 黃臀鵯	Brown-breasted Bulbul	*Pycnonotus xanthorrhous*
194. 白頭鵯	Light-vented Bulbul	*Pycnonotus sinensis*
195. 白喉紅臀鵯	Sooty-headed Bulbul	*Pycnonotus aurigaster*

中文名	英文名	學名
196. 栗背短腳鵯	Chestnut Bulbul	*Hemixos castanonotus*
197. 黑短腳鵯	Black Bulbul	*Hypsipetes leucocephalus*
(四十四) 燕科		*Hirundinidae*
198. 家燕	Barn Swallow	*Hirundo rustica*
199. 金腰燕	Red-rumped Swallow	*Cecropis daurica*
(四十五) 樹鶯科		*Cettiidae*
200. 鱗頭樹鶯	Asian Stubtail	*Urosphena squameiceps*
201. 日本樹鶯	Japanese Bush Warbler	*Cettia diphone*
202. 淡腳樹鶯	Pale-footed Bush Warbler	*Cettia pallidipes*
(四十六) 柳鶯科		*Phylloscidae*
203. 褐柳鶯	Dusky Warbler	*Phylloscopus fuscatus*
204. 黃腰柳鶯	Pallas's Leaf Warbler	*Phylloscopus proregulus*
205. 黃眉柳鶯	Yellow-browed Warbler	*Phylloscopus inornatus*
206. 極北柳鶯	Arctic Warbler	*Phylloscopus borealis*
207. 雙斑綠柳鶯	Two-barred Warbler	*Phylloscopus plumbeitarsus*
208. 淡腳柳鶯	Pale-legged Leaf Warbler	*Phylloscopus tenellipes*

中文名	英文名	學名
209. 冕柳鶯	Eastern Crowned Warbler	*Phylloscopus coronatus*
210. 華南冠紋柳鶯	Hartert's Leaf Warbler	*Phylloscopusgoodsoni*
211. 白眶鶲鶯	White-spectacled Warbler	*Seicercusaffinis*
（四十七）葦鶯科		*Acrocephalus*
212. 大葦鶯	Great Reed Warbler	*Acrocephalus arundinaceus*
213. 東方大葦鶯	Oriental Reed Warbler	*Acrocephalus orientalis*
214. 黑眉葦鶯	Black-browed Reed Warbler	*Acrocephalus bistrigiceps*
215. 厚嘴葦鶯	Thick-billed Warbler	*Iduna aedon*
（四十八）蝗鶯科		*Locustellidae*
216. 矛斑蝗鶯	Lanceolated Warbler	*Locustella lanceolata*
217. 小蝗鶯	Pallas's Grasshopper Warbler	*Locustella certhiola*
218. 北蝗鶯	Middendorff's Grasshopper Warbler	*Locustella ochotensis*
（四十九）扇尾鶯科		*Cisticolidae*
219. 棕扇尾鶯	Zitting Cisticola	*Cisticola juncidis*
220. 金頭扇尾鶯	Golden-headed Cisticola	*Cisticola exilis*
221. 山鷦鶯	Striated Prinia	*Prinia crinigera*

中文名	英文名	學名
222. 暗冕鷦鶯	Rufescent Prinia	*Prinia rufescens*
223. 黃腹鷦鶯	Yellow-bellied Prinia	*Prinia flaviventris*
224. 純色鷦鶯	Plain Prinia	*Prinia inornata*
225. 長尾縫葉鶯	Common Tailorbird	*Orthotomus sutorius*
(五十) 噪鶥科		*Leiothrichidae*
226. 黑臉噪鶥	Masked Laughingthrush	*Garrulax perspicillatus*
227. 黑領噪鶥	Greater Necklaced Laughingthrush	*Garrulax pectoralis*
228. 黑喉噪鶥	Black-throated Laughingthrush	*Dryonastes chinensis*
229. 棕噪鶥	Buffy Laughingthrush	*Garrulax berthemyi*
230. 畫眉	Chinese Hwamei	*Leucodioptron canorus*
231. 銀耳相思鳥	Silver-eared Leiothrix	*Leiothrix argentauris*
232. 紅嘴相思鳥	Red-billed Leiothrix	*Leiothrix lutea*
(五十一) 雀鶥科		*Pellorneidae*
233. 大草鶯	Rufous-rumped Grassbird	*Graminicola bengalensis*
234. 黑眉雀鶥	Huet's Fulvetta	*Alcippe hueti*
(五十二) 繡眼鳥科		*Zosteropidae*
235. 紅脅繡眼鳥	Chestnut-flanked White-eye	*Zosterops erythropleurus*

中文名	英文名	學名
236. 暗綠繡眼鳥	apanese White-eye	*Zosterops japonicus*
（五十三）椋鳥科		*Sturnidae*
237. 鷯哥	Common Hill Myna	*Gracula religiosa*
238. 八哥	Crested Myna	*Acridotheres cristatellus*
239. 家八哥	Common Myna	*Acridotheres tristis*
240. 絲光椋鳥	Red-billed Starling	*Spodiopsar sericeus*
241. 灰椋鳥	White-cheeked Starling	*Spodipsar cineraceus*
242. 黑領椋鳥	Black-collared Starling	*Gracupica nigricollis*
243. 北椋鳥	Daurian Starling	*Agropsar Sturninus*
244. 灰背椋鳥	White-shouldered Starling	*Sturnia sinensis*
245. 灰頭椋鳥	Chestnut-tailed Starling	*Sturnia malabarica*
246. 粉紅椋鳥	Rosy Starling	*Pastor roseus*
（五十四）鶇科		*Turdidae*
247. 紫嘯鶇	Blue Whistling Thrush	*Myophonus caeruleus*
248. 橙頭地鶇	Orange-headed Thrush	*Zoothera citrina*
249. 懷氏虎鶇	Write's Thrush	*Zootheraaurea*
250. 灰背鶇	Grey-backed Thrush	*Turdus hortulorum*
251. 烏灰鶇	Japanese Thrush	*Turdus cardis*

中文名	英文名	學名
252. 烏鶇	Common Blackbird	*Turdus merula*
253. 白眉鶇	Eyebrowed Thrush	*Turdus obscurus*
254. 白腹鶇	Pale Thrush	*Turdus pallidus*
（五十五）鶲科		*Muscicapidae*
255. 日本歌鴝	Japanese Robin	*Erithacus akahige*
256. 紅喉歌鴝	Siberian Rubythroat	*Luscinia calliope*
257. 藍歌鴝	Siberian Blue Robin	*Luscinia cyane*
258. 紅尾歌鴝	Rufous-tailed Robin	*Luscinia sibilans*
259. 紅脅藍尾鴝	Red-flanked Bluetail	*Tarsiger cyanurus*
260. 鵲鴝	Oriental magpie Robin	*Copsychus saularis*
261. 北紅尾鴝	Daurian Redstart	*Phoenicurus auroreus*
262. 紅尾水鴝	Plumbeous Water Redstart	*Rhyacornis fuliginosa*
263. 黑喉石䳭	Common Stonechat	*Saxicola maurus*
264. 灰林䳭	Grey Bush Chat	*Saxicola ferreus*
265. 藍磯鶇	Blue Rock Thrush	*Monticola solitarius*
266. 灰紋鶲	Grey-streaked Flycatcher	*Muscicapa griseisticta*
267. 烏鶲	Dark-sided Flycatcher	*Muscicapa sibirica*
268. 北灰鶲	Asian Brown Flycatcher	*Muscicapa dauurica*

中文名	英文名	學名
269. 褐胸鶲	Brown-breasted Flycatcher	*Muscicapa muttui*
270. 白眉姬鶲	Yellow-rumped Flycatcher	*Ficedula zanthopygia*
271. 黃眉姬鶲	Narcissus Flycatcher	*Ficedula narcissina*
272. 鴝姬鶲	Mugimaki Flycatcher	*Ficedula mugimaki*
273. 紅喉姬鶲	Taiga Flycatcher	*Ficedula albicilla*
274. 白腹姬鶲	Blue-and-white Flycatcher	*Cyanoptila cyanomelana*
275. 銅藍鶲	Verditer Flycatcher	*Eumyias thalassinus*
276. 海南藍仙鶲	Hainan Blue Flycatcher	*Cyornis hainanus*
277. 中華仙鶲	Chinese Blue Flycatcher	*Cyornis glaucicomans*
278. 棕腹大仙鶲	Fujian Niltava	*Niltava davidi*
279. 小仙鶲	Small Niltava	*Niltava macgrigoriae*
（五十六）葉鵯科		*Chloropseidae*
280. 橙腹葉鵯	Orange-bellied Leafbird	*Chloropsis hardwickii*
（五十七）啄花鳥科		*Dicaeidae*
281. 紅胸啄花鳥	Fire-breasted Flowerpecker	*Dicaeum ignipectus*
282. 朱背啄花鳥	Scarlet-backed Flowerpecker	*Dicaeum cruentatum*
（五十八）花蜜鳥科		*Nectariniidae*

中文名	英文名	學名
283. 叉尾太陽鳥	Fork-tailed Sunbird	*Aethopyga christinae*
（五十九）雀科		*Passeridae*
284. 麻雀	Eurasian Tree Sparrow	*Passer montanus*
（六十）梅花雀科		*Estrildidae*
285. 白腰文鳥	White-rumped Munia	*Lonchura striata*
286. 斑文鳥	Scaly-breasted Munia	*Lonchura punctulata*
287. 栗腹文鳥	Chestnut Munia	*Lonchura atricapilla*
（六十一）鶺鴒科		*Motacillidae*
288. 山鶺鴒	Forest Wagtail	*Dendronanthus indicus*
289. 黃鶺鴒	Eastern Yellow Wagtail	*Motacilla tschutschensis*
290. 灰鶺鴒	Grey Wagtail	*Motacilla cinerea*
291. 白鶺鴒	White Wagtail	*Motacilla alba*
292. 田鷚	Richard's Pitpit	*Anthus richardi*
293. 樹鷚	Oliver-backed Pipit	*Anthus hodgsoni*
294. 北鷚	Pechora Pitpit	*Anthus gustavi*
295. 紅喉鷚	Red-throated Pitpit	*Anthus cervinus*
296. 黃腹鷚	Buff-bellied Pitpit	*Anthus rubescens*
297. 山鷚	Upland Pitpit	*Anthus sylvanus*

中文名	英文名	學名
（六十二）燕雀科		*Fringillidae*
298. 燕雀	Brambling	*Fringilla montifringilla*
299. 金翅雀	Grey-capped Greenfinch	*Carduelis sinica*
300. 黃雀	Eurasian Siskin	*Carduelis spinus*
301. 黑尾蠟嘴雀	Chinese Grosbeak	*Eophona migratoria*
（六十三）鵐科		*Emberizidae*
302. 鳳頭鵐	Crested Bunting	*Emberiza lathami*
303. 白眉鵐	Tristram's Bunting	*Emberiza tristrami*
304. 栗耳鵐	Chestnut-eared Bunting	*Emberiza fucata*
305. 小鵐	Little Bunting	*Emberiza pusilla*
306. 黃眉鵐	Yellow-browed Bunting	*Emberiza chrysophrys*
307. 田鵐	Rustic Bunting	*Emberiza rustica*
308. 黃胸鵐	Yellow-breasted Bunting	*Emberiza aureola*
309. 栗鵐	Chestnut Bunting	*Emberiza rutila*
310. 灰頭鵐	Black-faced Bunting	*Emberiza spodocephala*
311. 蘆鵐	Common Reed Bunting	*Emberiza schoeniclus*

附錄二　觀鳥工具

1. 望遠鏡

望遠鏡是觀察鳥類的必備工具，因為鳥類往往離我們很遠，光憑肉眼無法清楚辨識其特徵，所以望遠鏡是很好的工具。依望遠鏡的構造，可分為單筒望遠鏡與雙筒望遠鏡，分別介紹如下：

單筒望遠鏡：

倍率高，視野小，重量重，體積大、攜帶不易，需搭配三腳架使用，故靈活度不高。適合遠距離的觀察，及活動不頻繁的鳥，如：水鳥或海鳥。

雙筒望遠鏡：

倍率較低（一般八至十倍最佳），視野較廣，重量輕、體積小，攜帶方便，操作靈活。適合觀賞活潑好動的鳥類（如林鳥等）。雙筒望遠鏡上的標示：

10x25　5°，其中 10 是指倍率 10 倍，25 是指目鏡的口徑 25 毫米（越大，進光量越多，影像越清楚，但重量也越重），而 5°是指透過望遠鏡看出去的視角為 5°，倍率越高，視角越小。

雙筒望遠鏡的使用：我們的左右兩眼的焦距會有一些差異，透過望遠鏡的放大後會比較明顯，故使用雙筒望遠鏡時，必須校正兩眼的視差。雙筒望遠鏡均有視差校正環可供調整。校正步驟如下：（以視差校正環在右邊鏡筒的望遠鏡為例）

（1）找一固定目標，閉右眼開左眼，調整焦聚環，直到左眼看到的影像清楚。

（2）閉左眼開右眼，轉動視差環，直到右眼看到的影像清楚。

（3）兩眼同時張開，調整瞳孔間距，並稍微調整焦距，直到影像清楚。

2. 圖鑑

在野外調查，對鳥類基本的辨識很重要，隨身攜帶一本圖鑑可隨時比對查閱，非常方便。目前坊間這類書很多，有手繪式的，也有照片式的，可根據自己的喜愛購買，原則上必須有鳥類大小、外形描述、鳥類叫聲、棲息環境、出現的頻率和季節等資料，圖片清楚，方便攜帶即可。

3.筆記本

　　大小、形式、材料不拘,主要記錄以下的資料:觀察時間(年、月、日、時)、觀察地點、天氣狀況、跟那些人去、看到的鳥種及數量、鳥在做什麼、棲息的位置等。若遇到奇怪的或行為特殊的鳥亦可畫出它的特徵及行為,甚至於它的羽毛、足跡、排泄物等均可畫下來,以便回來查詢更進一步的資料。

附錄三　觀鳥守則

1. 個人行為舉止

（1）服裝、用具顏色與自然環境協調，如橄欖綠色系、灰色系、土色系等低彩度與低明度的顏色，避免高明度與高彩度顏色（例如鮮豔的黃色、紅色、橘色等）的服裝，加上一頂帽子（顏色的原則與服裝同），可以遮陽光亦可以偽裝。

（2）保持安靜，輕聲交談，動作輕緩，與鳥類保持適當距離，不干擾鳥類正常活動。

（3）隨時準備好望遠鏡，背對光線，儘量觀察細節特徵，做好記錄。

（4）注意自身安全，提防被其他危險動物危害，避免接近危險處所。

2. 尊重自然，保護環境

（1）只觀野生鳥，不觀籠中鳥；不飼養野生鳥或進口鳥類。

（2）遇鳥巢或育雛，只可遠觀不可近看；發現鳥類棲息地或育雛地請勿隨意公開。

（3）不追逐野生鳥類；不使用不當方法引誘某些鳥類使其現身。

（4）拍攝鳥類應採用自然光，避免用閃光燈。

（5）禁止隨意攀折花木，破壞棲息地和植被；不隨意採摘棲息地果實、揀拾底棲動物等。

3. 尊重同伴，分享交流知識和經驗

（1）發現鳥類後及時告訴同伴。

（2）對初學者應該及時給予幫助。

4. 攜帶物品

必需品：雙筒望遠鏡、圖鑑、筆記本、筆。

選擇品：單筒望遠鏡、三腳架、雨具、帽子、相機、食品、飲用水及證件等。

主要參考書目

鄒發生，《澳門鳥類》，澳門：澳門特別行政區民政總署園林綠化部，2011 年。

張敏、鄒發生，《澳門鳥譜》，廣州：暨南大學出版社，2012 年。

中國觀鳥年報編輯，《中國觀鳥年報——中國鳥類名錄》1.2 版，2010 年。

約翰 · 馬敬能、卡倫 · 菲力普斯、何芬奇著，《中國鳥類野外手冊》，長沙：湖南教育出版社，2000 年。

趙正階，《中國鳥類誌》（上卷——非雀形目），長春：吉林科技出版社，2001 年。

趙正階，《中國鳥類誌》（下卷——雀形目），長春：吉林科技出版社，2012 年。

鄭光美（主編），《中國鳥類分類與分佈名錄》，北京：科學出版社，2005 年。

鄒發生，《鳥類照片珍藏》，廣州：廣東科技出版社，2006 年。

駱雅儀、許永亮，《觀鳥背後》，香港：天地圖書有限公司，2004 年。

邢福武等，《澳門的植物區系》，載《植物研究》，2003 年。

關貫勳、梁之華、郭漢佳、蘇毅雄，《澳門鳥類資源調查報告》，載《四川動物》，2001 年，29(1): 91-98。

http://www.fjbirds.org/bbs/attachment.php?aid=63686&k=1f9701de91bd38aae9c9cecc97f91190&t=1413884493&sid=8bjuj7

圖片出處

P. 8、11（上）、14（下）、15、18（上）、27　高葉昌攝

P. 11（下）、12（上）、14（上）　陳述攝

P. 16、19（上）、49、53、81　張斌攝

P. 26、29、44、45、47、79　程振強攝

P. 31、35、40、56、60、71、75、83　杜卿攝

P. 33　李斌攝

P. 37　陳浩堅攝

P. 42　梁權慶攝

P. 51　蔡桂林攝

P. 58　錢斌攝

P. 77　李向陽攝

P. 19（下）、64、66、73　戴錦超攝

P. 18（下）、55、62、68、69　黃理沛、江敏兒攝

P. 22 引自《濕地國際》，2006 年

P. 23 引自張敏、鄒發生，《澳門鳥譜》，2012 年